CONTRIBUTIONS A LA FAUNE MALACOLOGIQUE FRANÇAISE

III

MONOGRAPHIE

DU

GENRE LARTETIA

PAR

ARNOULD LOCARD

LYON

IMPRIMERIE PITRAT AINÉ

4, RUE GENTIL, 4

1882

MONOGRAPHIE

DU

GENRE LARTETIA

Extrait des *Annales de la Société Linnéenne de Lyon*
tome **XXIX**, année 1882

III

MONOGRAPHIE

DU

GENRE LARTETIA

PAR

ARNOULD LOCARD

LYON

IMPRIMERIE PITRAT AINÉ

4, RUE GENTIL, 4

1882

III

MONOGRAPHIE

D U

GENRE LARTETIA

Le genre *Lartetia*, dédié au savant anthropologiste Édouard Lartet, a été créé en 1869 par M. J.-R. Bourguignat (1) pour un groupe de petites coquilles d'eau douce affectant une disposition toute particulière dans leur ouverture. Il prend rang dans la famille des *Melanidæ* (2), après les *Pyrgula* et les *Paladilhia*. Les formes vivantes et fossiles ont tour à tour été confondues avec des *Paludestrina*, *Paludina*, *Bythinia*, *Hydrobia*, *Vitrella* et *Littoridina*. Et cependant on n'en connaît encore qu'un très petit nombre d'espèces, presque toujours vivant en colonies peu populeuses, dans des habitats bien déterminés.

Laissant de côté les formes fossiles très bien décrites et figurées par M. Bourguignat, et toutes localisées dans les dépôts quaternaires supérieurs du bassin de Paris, nous nous proposons, dans cette notice, de

(1) Bourguignat, 1869. *Catal. moll. terr. fluv. diluvium des env. de Paris*, p. 15-17, in Belgrand, *le Bassin parisien aux âges préhistoriques*. — Paladilhe, 1869. *Nouv. miscel. malac.*, p. 137, 4ᵉ fascic.

(2) Bourguignat. *Loc. cit.* — 1877. *Descr. deux nouv. genres algériens, suivie d'une classific. des familles et des genres de moll. terr. et fluv. du syst. europ.*, p. 45.

passer en revue les seules formes actuellement vivantes. Leur nombre en est fort restreint. Mais aux formes déjà connues nous avons cru devoir en ajouter quelques-unes qui nous ont paru nouvelles, par suite des caractères particuliers qu'elles présentent, non seulement dans la disposition de leur ouverture, mais encore dans leur galbe général.

Les *Lartetia* vivent dans les eaux fraîches et limpides des sources, à travers les plantes aquatiques sur lesquelles elles aiment à grimper ; plus rarement elles rampent sur les pierres couvertes de conferves. On peut les récolter en arrachant délicatement ces plantes et en en secouant les racines lorsqu'elles sont séchées. Plusieurs *Lartetia*, notamment les *Lartetia diaphana*, *L. Michaudi*, *L. Terveri*, n'ont encore été recueillis que dans les alluvions des cours d'eaux.

Mais un fait bien digne de remarque, c'est que les différentes formes que nous aurons à signaler, sont toutes localisées dans le nord-est de la France. La forme la plus septentrionale, le *Lartetia Rayi*, a été trouvée dans l'Aube, tandis que les plus méridionales comme les *Lartetia diaphana*, *Michaudi* et *Terveri* proviennent des alluvions du Rhône pris à Lyon. Les autres sujets appartiennent à des stations intermédiaires de l'Alsace, du Jura, ou de la Bourgogne. Si donc une telle forme a fait son apparition première à la fin de l'époque quaternaire, dans le bassin de Paris, son aire de dispersion géographique s'est peu étendu ; et, vu la rareté des individus et leur mode d'habitat, il est peu probable qu'ils se dispersent davantage, si leurs conditions biologiques ne viennent pas à se modifier.

Les formes fossiles connues sont au nombre de sept, toutes décrites, comme nous l'avons dit, par M. Bourguignat ; ce sont :

Lartetia Belgrandi (*loc. cit.*, p. 15, pl. II., f. 38-43).
— *Joinvillensis* (*loc. cit.*, p. 16, pl. II, f. 50-52).
— *Radigueli* (*loc. cit.*, p. 16, pl. II, f. 44-46).
— *Roujoni* (*loc. cit.*, p. 16, pl. II, f. 47-49).
— *Mabillei* (*loc. cit.*, p. 16, pl. II, f. 56-58).
— *Sequanica* (*loc. cit.*, p. 17, pl. II, f. 59-61).
— *Noulletiana* (*loc. cit.*, p. 17, pl. II, f. 53-55).

Toutes ces coquilles sont en général de taille plus grande que les formes actuellement vivantes ; quelques-unes comme les *Lartetia Belgrandi*, *L. Radigueli*, *L. Roujoni*, *L. Mabillei*, atteignent ou dépassent 6 millim. de hauteur ; le plus grand de tous, le *Lartetia Radigueli* a jusqu'à 9 millim., alors que nous ne connaissons aucune forme actuellement vivante qui atteigne 5 millim. On voit donc qu'au point de vue de la taille il y a en une véritable dégénérescence dans ce genre depuis son apparition jusqu'à nos jours.

Quant à la diversité ou à la multiplicité des formes vivantes, on ne saurait entièrement l'attribuer à l'influence des milieux dans lesquels elles se plaisent à vivre. Si telle forme, déplacée de son milieu normal, se modifie par la suite des temps en s'adaptant au nouveau milieu dans lequel elle est condamnée à vivre, nous voyons par contre des *Lartetia* d'un galbe pourtant bien différent vivre dans le même milieu. Tel est, par exemple, le cas des *Lartetia Lacroixi* et *L. Burgundina*, formes bien distinctes, qui toutes deux ont été trouvées dans la même source. Rappelons également que les *Lartetia Bourguignati* et *L. Moussoniana* vivent ensemble dans les sources de l'Ain. Il peut en être de même sans que nous puissions toutefois l'affirmer des *Lartetia diaphana*, *L. Michaudi* et *L. Terveri* que nous avons trouvées dans le même lot d'alluvions.

Par suite de l'exiguïté de la taille de ces petites coquilles, on comprend qu'elles aient pu souvent échapper à l'œil d'un observateur encore inexpérimenté. Aussi sommes-nous persuadé que de nouvelles recherches faites dans des conditions convenables amèneront la découverte d'un nombre plus grand encore de formes nouvelles de *Lartetia*.

Genre LARTETIA, Bourguignat

1869. *Cat. moll. diluvium Paris*, p. 15.

DESCRIPTION. — Coquille de petite taille, d'un galbe conique ou cylindroïde, lancéolé, plus ou moins acuminé. — Test relativement solide, mince, subtransparent ou même transparent, d'un blanc légèrement corné ou vitré, rarement encroûté de matières verdâtres, très finement rayé, devenant d'un blanc hyalin après la mort de l'animal. — Spire composée de cinq à sept tours plus ou moins convexes, séparés par une suture assez profonde, à croissance en général assez régulière ; sommet obtus, mammelonné, lisse et brillant. — Ouverture de forme variable, patulescente, avec une saillie du bord inférieur par rapport au bord supérieur ; le bord externe dilaté, arqué, plus ou moins projeté en avant, de telle sorte qu'entre cette dilatation et le point d'insertion, il existe une partie du bord plus ou moins concave. — Péristome continu, libre, détaché vers l'insertion du bord externe, droit, sans bourrelet ni saillie intérieure, sans gibbosité extérieure. — Ombilic presque nul, réduit à une simple fente ombilicale. — Opercule profond.

OBSERVATIONS. — Comme on le voit par cette description générale, la caractéristique de ce genre porte surtout sur la forme toute spéciale de l'ouverture, dont la dilatation du bord externe fait qu'il existe vers l'insertion une sorte de canaliculation qui rappelle la fente pleurotomoïdale propre à certains genres. On peut d'après cela rapprocher le genre *Lartetia* du genre *Paladilhia* (1). Chez les individus de ces deux genres, en effet, on voit que la base de l'ouverture est plus avancée que la partie supérieure; chez tous deux le bord externe de cette ouverture est plus ou moins développé en avant, et s'avance en saillie par rapport au plan normal d'insertion, de manière à former vers la suture une partie creuse ou en retraite.

Mais chez les *Paladilhia*, il existe en ce point une véritable fente pleurotomoïdale plus ou moins étroite, accompagnée d'une sorte de méplan qui suit la ligne suturale au-dessus de chaque tour de spire. Chez les *Lartetia*, au contraire, les tours sont toujours arrondis vers la suture, et la fente pleurotomoïdale est remplacée par un simple sinus, plus ou moins large, mais toujours peu profond.

Enfin, comme distribution géographique, d'après les données actuelles, nous voyons que les *Paladilhia* semblent propres au midi de la France, et plus particulièrement au département de l'Hérault, tandis qu'au contraire les *Lartetia* sont dispersés dans le nord-est.

CLASSIFICATION. — D'après le galbe général plus ou moins conique ou cylindroïde, nous classerons les *Lartetia* vivants, en deux groupes :

A. — Groupe du *Lartetia Michaudi*. — Ce groupe est caractérisé par un galbe subcylindrique, allongé, non ventru, avec des tours de spire peu arrondis ; il comprend les formes suivantes :

Lartetia Michaudi, Locard.
    — *Terveri*, Locard.
    — *Lacroixi*, Locard.
    — *Charpyi*, Paladilhe.
    — *Drouetiana*, S. Clessin.

(1) Bourguignat, 1865. *Monogr. du nouv. genre Paladilhia.*

B. — Groupe du *Lartetia diaphana*. — Ce groupe renferme des coquilles affectant un galbe conoïde, un peu court, ventru à la base, avec des tours de spire bien arrondis :

Lartetia diaphana, Michaud.
 — *Bourguignati*, Paladilhe.
 — *Moussoniana*, Paladilhe.
 — *Rayi*, Bourguignat.
 — *Burgundina*, Locard.

Il y aurait, en outre, à indiquer une forme nouvelle dont nous parlerons plus loin, et que nous avons décrite dans un autre travail (1) sous le nom de *Lartetia Charpyi ;* ne connaissant qu'un seul individu de cette espèce, nous n'avons pas cru devoir l'ériger au rang d'espèce.

A. — Groupe du LARTETIA MICHAUDI

LARTETIA MICHAUDI, Locard

Fig. 1-2.

Paludina diaphana, MICHAUD, 1831. *Compl. hist. moll.*, p. 97 *(pars)*.
Lartetia Michaudi, LOCARD, 1881. *Mss.*

DESCRIPTION. — Coquille d'un galbe cylindroïde lancéolé, allant en s'amoindrissant progressivement de la base au sommet. — Test un peu mince, assez fragile, transparent, d'un blanc à peine corné, passant au blanc hyalin après la mort de l'animal, brillant, à peine striolé longitudinalement, stries extrêmement fines, visibles seulement au microscope sous un fort grossissement. — Spire composée de six tours et demi, croissant assez régulièrement, l'avant-dernier un peu plus grand que le tour précédent; tours un peu méplans dans la partie médiane, arrondis vers la suture ; suture bien marquée; sommet obtus, lisse, brillant. — Ombilic réduit à une simple fente, en partie masquée par le développement du bord columellaire. — Ouverture patulescente, subovale allongée, avec le grand axe oblique de droite à gauche; partie supérieure un peu plus étroite que la partie inférieure, celle-ci bien arrondie. — Péristome con-

(1) A. Locard, 1881. *Études variat. malac.*, t. I, p. 376.

tinu ; bord columellaire légèrement réfléchi sur toute sa hauteur, et plus particulièrement à sa base ; bord extérieur arqué, projeté en avant, laissant une encoche pleurotomoïdale assez prononcée ; bord inférieur à peine projeté en avant. — Opercule inconnu.

DIMENSIONS. — Longueur totale : 3 1/4 — 3 3/4 millim.
Diamètre maximum : 1 — 1 1/4 millim.

OBSERVATIONS. — Cette forme nouvelle doit avoir été confondue par Michaud avec son *Paludina diaphana*. Récoltées dans les mêmes conditions, Michaud avait réuni sous cette même dénomination plusieurs formes pourtant bien différentes. C'est, en effet, sous ce titre qu'il nous avait donné il y a quelques années, de véritables *Lartetia diaphana* avec des *L. Michaudi* et *L. Terveri*. Depuis, nous l'avons également recueilli nous-même dans les mêmes conditions ; mais nous ne saurions dire quel est son véritable habitat. Nous avons conservé le nom de *diaphana* à la forme qui se rapprochait le plus de celle figurée dans le *Complément des Mollusques de Draparnaud*, et nous avons donné aux deux formes nouvelles, les noms des deux collaborateurs à ce grand ouvrage.

L'étude d'un certain nombre d'individus nous a permis de constater quelques variations dans les caractères aperturaux. Le galbe général restant toujours le même avec sa forme bien typique, on trouve des sujets chez lesquels l'obliquité de l'ouverture est plus ou moins prononcée ; de même, il arrive parfois, que le haut de l'ouverture paraît plus étranglé, elle devient alors plus subpyriforme ; mais de tels cas ne sont que des modifications individuelles, propres sans doute à des habitats différents. Dans notre figuration nous avons donné la forme la plus générale et la plus commune.

RAPPORTS ET DIFFÉRENCES. — Quoique récoltés dans les mêmes conditions, les *Lartetia Michaudi* et *L. diaphana* sont essentiellement différents, même à l'œil nu ; ils appartiennent à deux groupes distincts ; le premier est caractérisé par son galbe plus cylindroïde, non renflé à la base, avec un faible diamètre maximum, des tours de spire non arrondis, mais bien presque méplans dans leur partie médiane, tandis que le second quoique de même taille, est beaucoup plus conique, avec un diamètre maximum plus fort, ce qui lui donne un galbe plus ventru, et des tours bien arrondis ; etc.

HABITAT. — Peu commun ; dans les alluvions du Rhône, sur les deux rives, au nord et au sud de Lyon, mais plus particulièrement sur la rive gauche.

LARTETIA TERVERI, Locard

Fig. 3-4.

Paludina diaphana, MICHAUD , 1831. *Compl. hist. moll.,* p. 97 *(pars)*.
Larletia Terveri, LOCARD, 1881. *Mss*.

DESCRIPTION. — Coquille d'un galbe cylindroïde allongé, subtronqué au sommet. — Test relativement solide, un peu épais, d'un blanc hyalin (nous ne connaissons pas la nature du test des coquilles fraîches), peu brillant, orné de striations très fines, longitudinales, assez rapprochées les unes des autres, donnant au test un caractère d'irrégularité. — Spire composée de six tours, les premiers à croissance un peu lente, les derniers croissant plus rapidement ; tours de spire à profil méplan dans la partie médiane, légèrement arrondis vers la suture ; suture profonde, bien marquée ; sommet obtus, lisse, brillant. — Ombilic réduit à une simple fente ombilicale, assez accentuée, bien visible, malgré le développement du bord columellaire du péristome. — Ouverture patulescente, subpyriforme avec son grand axe fortement incliné de droite à gauche, un peu étranglée dans le haut, arrondie dans le bas. — Péristome continu, assez saillant dans son ensemble, réfléchi sur l'ombilic et dans la partie inférieure ; bord extérieur bien arqué, laissant une encoche pleurotomoïdale assez profonde ; bord inférieur projeté en avant. — Opercule inconnu.

DIMENSIONS. — Longueur totale : 3 1/4 millim.
Diamètre maximum : 1 1/4 millim.

OBSERVATIONS. — Comme nous l'avons expliqué précédemment, Michaud avait dû confondre cette forme avec son *Paludina diaphana*. C'est pourtant une forme bien typique et facile à séparer des autres *Larletia*. Nous lui avons donné le nom de Ange-Paulin Terver, l'habile dessinateur des planches de Michaud, qui a si bien contribué à faire connaître la faune malacologique des environs de Lyon.

RAPPORTS ET DIFFÉRENCES. — Les caractères généraux du *Lartetia Terveri* l'éloignent plus encore du *Lartetia diaphana* que le *L. Michaudi*. Rapproché de cette dernière coquille avec laquelle il a été récolté et confondu, il s'en distingue par son galbe moins cylindroïde ; pour une plus petite hauteur ou même pour une hauteur égale, son diamètre maximum est plus grand, mais sans avoir pour cela le galbe ventru des formes du groupe du *Lartetia diaphana;* ses tours sont encore plus méplans dans leur partie moyenne; son ouverture est plus oblique, plus pyriforme; la fente ombilicale plus prononcée; enfin son test n'est pas lisse et brillant, mais bien orné de fines striations longitudinales; etc.

HABITAT. — Cette forme paraît rare; elle avait été trouvée dans les alluvions du Rhône aux environs de Lyon; nous en avons donné la description et la figuration d'après des échantillons qui nous avaient été cédés par Michaud. Depuis lors, nous ne l'avons pas retrouvée dans nos différentes récoltes d'alluvions.

LARTETIA LACROIXI, Locard

Fig. 5-6.

DESCRIPTION. — Coquille d'un galbe cylindroïde, très obtus au sommet comme subtronqué. — Test assez solide, un peu épais, d'un blanc corné, le plus souvent encroûté de matières verdâtres, devenant blanc hyalin après la mort de l'animal; orné de striations longitudinales très fines, assez rapprochées, visibles à l'aide d'une forte loupe sur tous les tours. — Spire composée de six tours et demi, croissant lentement et assez régulièrement du sommet à la base; tours de spire très légèrement méplans dans leur partie médiane, puis arrondis vers la suture; suture assez profonde, bien accusée par suite de la courbure des tours dans cette région; sommet obtus, lisse, brillant. — Ombilic réduit à une fente ombilicale très étroite, en partie masquée par le développement du bord columellaire du péristome. — Ouverture patulescente, subquadrangulaire, avec son grand axe presque parallèle à l'axe de la coquille; partie supérieure doublement anguleuse, l'angle supérieur correspondant avec l'insertion du bord extérieur sur l'avant-dernier tour; l'angle inférieur correspond à la columelle; ces deux angles reliés par un bord columellaire presque rectiligne; partie inférieure sub-arrondie. — Péristome continu, peu saillant dans son ensemble; bord extérieur descendant verticalement, bien arqué dans son profil, formant dans le haut une encoche pleurotomoïdale assez profonde; bord supérieur incliné de droite à gauche, et réfléchi ainsi que le columellaire sur l'ombilic; bord columellaire à peu près vertical; bord inférieur légèrement projeté en avant. — Opercule inconnu.

Dimensions. — Longueur totale : 2 — 2 1/4 millim.
Diamètre maximum : 3/4 — 1 millim.

Rapports et différences. — Le *Lartetia Lacroixi* peut être rapproché des *Lartetia Terveri* et *L. Michaudi ;* mais on le distinguera toujours facilement à sa taille beaucoup plus petite ; à son galbe moins élancé, plus trapu, avec un sommet plus obtus ; à son ouverture plus quadrangulaire avec le grand axe parallèle à l'axe général de la coquille ; il est strié comme le *Lartetia Terveri*, mais ses stries sont plus fines, plus rapprochées ; ses tours de spire sont plus arrondis, la croissance des tours plus régulière. Comparé à des *Lartetia Michaudi* de même taille, on voit qu'il en diffère : par la présence des stries qui semblent faire défaut chez le *Lartetia Michaudi ;* par son test moins délicat, plus solide ; par ses tours plus arrondis, séparés par une suture plus profonde ; par son sommet plus obtus, etc.

Habitat. — Cette jolie *Lartetia* a été récemment découverte dans les eaux de la fontaine froide près de Beaune, dans la Côte-d'Or, par notre ami M. F. Lacroix, naturaliste distingué.

LARTETIA CHARPYI, Paladilhe

Fig. 7-8.

Hydrobia Charpyi, Paladilhe, 1867. *Nouv. miscel. malac.*, p. 58, pl. II, f. 7-9.
Vitrella Charpyi, S. Clessin, 1882. *Mon. gen. Vitrella, in Malac. Blätt.*, t. V,
    p. 124, pl. I, f. 8.
Littoridina Charpyi, Locard, 1882. *Prodr. malac. Franç.*, p. 235.
Lartetia Charpyi, Bourguignat, 1882. *In Litt.*

Description. — Coquille d'un galbe cylindroïde allongé, terminé par une partie conoïde, émoussée au sommet. — Test assez solide, un peu épais, très finement strié, d'un blanc corné, devenant crétacé opaque, lorsque l'animal est mort et que la coquille est demeurée quelque temps dans les alluvions. — Spire composée de six tours et demi ; les premiers croissant lentement et régulièrement, les trois derniers croissant plus rapidement et partant plus développés en hauteur, ce qui donne à cette partie de la coquille son galbe cylindroïde par rapport aux premiers tours qui sont plutôt conoïdes-tronqués ; tours à profil légèrement arrondi, séparés par une suture profonde ; sommet très obtus, lisse, brillant. —

Ombilic réduit à une simple fente très étroite. — Ouverture patulescente, subovale, un peu allongée, avec son grand axe légèrement incliné de droite à gauche ; partie supérieure plus étroite ; partie inférieure largement arrondie.—Péristome continu, mince, tranchant, détaché de l'avant-dernier tour ; bord columellaire un peu rectiligne, passablement dilaté et réfléchi sur la fente ombilicale ; bord externe faiblement arqué et projeté en avant, laissant près de l'insertion une encoche pleuroto-moïdale large et peu profonde ; bord inférieur formant une légère saillie par rapport au bord supérieur. — Opercule inconnu.

DIMENSIONS. — Longueur totale : 3 — 4 millim.
Diamètre maximum : 1 3/4 — 2 millim.

OBSERVATIONS. — Si nous avons cru devoir donner une nouvelle description du *Lartetia Charpyi* après celle déjà donnée par Paladilhe, c'est que cet auteur, pourtant si conscencieux, n'a pas, selon nous, assez insisté soit dans sa description, soit dans sa figuration sur certains carac-tères particuliers de cette espèce. Ainsi il figure une coquille à peu près régulièrement conique, élancée, à peine émoussée à son extrémité, tandis qu'en réalité le *Lartetia Charpyi* est plus cylindroïde dans ses derniers tours, et son extrémité est notablement plus tronquée. Dans sa description, il reconnaît bien en partie les caractères aperturaux, « *margine externe antrorsum leviter arcuato ac provecto,* » propre aux *Lartetia*, mais sans constater la patulescence de la base de l'ouverture.

Nous sommes surpris de voir qu'après avoir ainsi décrit en 1865 cette coquille, Paladilhe l'ait, en 1870, maintenue parmi les Hydrobies, dans son *Étude monographique sur les Paludinidées françaises*, alors qu'à la même époque, il avait si bien su reconnaître les caractères du même genre *Lartetia*, dans le *Paludina diaphana* de Michaud. Chez ces deux formes, les caractères aperturaux sont tout aussi marqués, et ne sauraient être mis en doute.

Quant à la figuration de M. S. Clessin, ce n'est qu'un simple croquis, qui ne peut donner qu'une idée très imparfaite de cette élégante et mignonne coquille.

RAPPORTS ET DIFFÉRENCES. — Par sa grande taille, le *Lartetia Charpyi* ne peut être rapproché que des *Lartetia Terveri* et *L. Michaudi*. Mais si son test est plus solide, plus épais, moins brillant et non striolé comme celui du *Lartetia Michaudi*, il en diffère encore par son galbe moins régulier, avec ses tours plus arrondis, son ouverture un peu moins

patulescente. **Comparé** au *Lartetia Terveri*, il s'en distingue par son
galbe particulier, par son ouverture plus arrondie, moins étroite dans le
haut, par le bord externe de l'ouverture moins saillant, avec une encoche
pleurotomoïdale moins profonde. Enfin, dans le même groupe, sa taille
plus grande, le nombre des tours de spire et la forme de l'ouverture le
distingueront toujours facilement du *Lartetia Lacroixi*.

Dans un autre ouvrage (1) nous avons indiqué sous le nom d'*Hydrobia
Charpyi* une coquille différente du type, trouvée par **M.** Tournouër, dans
les alluvions du Rhône, à Miribel. « Sa taille, disions-nous, est un peu
plus petite, l'ouverture plus déjetée lattéralement, et la partie sub-angu-
leuse qui avoisine la suture un peu plus prononcée. » Mais comme nous
ne connaissons encore que cet unique individu, nous nous bornerons à le
signaler, n'osant pas l'ériger au rang d'espèce malgré ses caractères différents des sujets déjà connus.

Habitat. — Le type du *Lartetia Charpyi*, a été trouvé pour la première
fois, par **M.** Charpy, de Saint-Amour, dans les ruisseaux de la grande
Combe-des-Bois, vis-à-vis la Chaud-de-Fond, dans le département du
Doubs.

M. le C^t Morlet l'a également recueilli bien typique, dans un petit ré-
servoir du village de Pérouse, près de Belfort. Nous avons pu nous
assurer *de visu* de l'identité spécifique des individus récoltés dans ces
deux stations.

LARTETIA DROUETIANA, S. Clessin

Vitrella Drouetiana, **S. Clessin**, 1882. *In Malac. Blätt.*, t. V, p. 176, pl. 1, f. 9.

Description. — Coquille d'un galbe cylindroïde très allongé, allant
progressivement en s'atténuant de la base au sommet, celui-ci émoussé.
— Test assez solide, un peu mince, paraissant à peine striolé même sous
le foyer d'une très forte loupe, d'un blanc corné pâle, un peu brillant après
la mort de l'animal. — Spire composée de six tours et demi à sept tours,
à croissance lente et régulière, le dernier et l'avant-dernier croissant un
peu plus rapidement que les autres ; tours régulièrement, mais faiblement
convexes, séparés par une ligne suturale bien marquée mais peu profonde ;
sommet lisse, obtus, brillant. — Ombilic réduit à une simple fente très

(1) **A. Locard**, 1880. *Études var. malac.*, t. I, p. 376.

étroite etpeu prolongée. — Ouverture faiblement patulescente, subcircu-
laire, avec son grand axe très légèrement incliné de droite à gauche ; partie
supérieure arrondie, ou un peu subanguleuse, plus étroite que la partie
inférieure ; partie inférieure largement arrondie. — Péristome continu,
mince, tranchant, détaché de l'avant-dernier tour ; bord columellaire
arrondi, couvrant en partie la fente ombilicale, faisant une très faible saillie
dans sa partie supérieure en contact avec l'avant-dernier tour ; bord
externe très légèrement arqué et projeté en avant, laissant près de l'insertion une encoche pleurotomoïdale large, mais peu profonde ; bord inférieur à peine projeté en avant. — Opercule inconnu.

Dimensions. — Longueur totale : 3 1/2 — 4 millim.
—   Diamètre maximum : 1 millim.

Observations. — Cette coquille avait été décrite primitivement par
M. S. Clessin sous le nom de *Vitrella ;* un examen attentif de ses caractères aperturaux et sa comparaison avec d'autres Lartéties nous permet-
tent d'affirmer qu'elle appartient bien réellement à ce genre. Mais nous
devons ajouter que de toutes les formes que nous connaissons, c'est celle
dont les caractères sont le moins tranchés. Cependant lorsque la coquille
est convenablement placée sous le foyer d'une bonne loupe ou reconnaît bien que le bord droit de l'ouverture forme une légère saillie, laissant ainsi vers son extrémité supérieure, au point d'insertion avec l'avant-
dernier tour, une encoche large, mais très peu profonde, propre aux
véritables *Lartetia.*

Nous avons malheureusement reçu communication trop tardivement
de cette coquille pour que nous ayons pu la faire figurer.

Rapports et différences. — Le *Lartetia Drouetiana* se distinguera toujours de ses congénères, non seulement à ses caractères aperturaux,
mais surtout à son galbe grêle, étroit, très allongé. C'est de toutes nos
Lartéties celle qui est la plus grande, et dont le diamètre maximum est
le plus faible ; partant, c'est celle qui a le galbe le plus élancé. Son
test est plus brillant que celui du *Lartetia Charpyi ;* en même temps son
galbe est plus régulièrement cylindroïde.

Habitat. — Le *Lartetia Drouetiana* a été signalé par M. Drouët, à Châ-
tillon, dans le Jura.

B. — Groupe du LARTETIA DIAPHANA

LARTETIA DIAPHANA, Michaud

Fig. 9-10.

Paludina diaphana, MICHAUD, 1831. *Compl. hist. moll.*, p. 97, pl. XV, f. 50-51.
Bithinia diaphana, DUPUY, 1849. *Cat. extramar. Gall.*, n° 38.
Hydrobia vitrea, DUPUY, 1851. *Hist. moll.*, p. 570 *(pars)*.
Bythinia vitrea, MOQUIN-TANDON, 1855. *Hist. moll.*, II, p. 518 *(pars)*.
Lartetia diaphana, PALADILHE. 1870. *Monogr. Palud.*, p. 66.
—   —   LOCARD, 1882. *Prodr. malac. franç.*, p. 246.

DESCRIPTION. — Coquille d'un galbe conoïde-allongé, progressivement
et régulièrement lancéolé, obtusément tronqué au sommet. — Test solide,
assez épais, brillant, lisse ou à peine très finement striolé ; stries longitudinales visibles seulement sous le foyer d'une très forte loupe, et irrégu-
lièrement espacées ; d'un blanc corné passant au blanc crétacé après le
séjour de la coquille hors de l'eau. — Spire composée de six tours et demi,
les premiers croissant régulièrement et lentement, le dernier et l'avant-
dernier à croissance un peu plus rapide ; profil des tours arrondi ; suture
profonde ; sommet obtus, lisse et très brillant. — Ombilic réduit à une
simple fente ombilicale assez large, mais en partie recouverte par le
développement du bord columellaire du péristome. — Ouverture patulescente, ovale-arrondie, à peine plus étroite dans le haut, avec le grand
axe légèrement incliné de droite à gauche. — Péristome continu, mince,
tranchant, bien nettement détaché de l'avant-dernier tour ; bord columellaire arrondi, en partie réfléchi vers la fente ombilicale ; bord externe
faiblement arqué et projeté en avant, de manière à laisser une encoche
pleurotomoïdale large et peu profonde ; bord inférieur faisant une légère
saillie par rapport au bord supérieur. — Opercule inconnu.

DIMENSIONS. — Longueur totale : 3 — 3 3/4 millim.
Diamètre maximum : 1 1/4 — 1 1/2 millim.

OBSERVATIONS. — C'est d'après des échantillons provenant de la
collection Michaud, que nous avons donné la description qui précède.
Sont-ce bien là réellement les échantillons dont il s'est servi pour sa
diagnose et que Terver a voulu dessiner ? Nous ne saurions l'affirmer,

Quoi qu'il en soit, ils nous ont été donnés par Michaud peu de temps avant sa mort, sous le nom de *Paludina diaphana*, et ils proviennent des alluvions du Rhône. Mais, comme nous l'avons dit, avec ces mêmes échantillons et sous le même vocable se trouvaient d'autres formes, les *Lartetia Michaudi* et *L. Terveri*, que nous avons cru devoir en séparer, gardant le nom de *Lartetia diaphana* pour la forme qui se rapprochait le plus de la description et de la figuration de l'ouvrage de Michaud.

Quant à la diagnose un peu générale de Michaud, elle ne fait aucune mention de la patulescence de l'ouverture (1), patulescence qui est, du reste, moins accentuée chez le *Lartetia diaphana* que chez les deux autres formes que Michaud avait confondues avec lui dans les échantillons qu'il nous a remis. Mais on a la preuve évidente de cette fâcheuse confusion en examinant de près sa diagnose, car il dit de sa coquille : « *Testa turrito-subcylindrica, subtilissime longitudinaliter striata*, caractères qui s'appliquent plutôt au *Lartetia Terveri*, tandis que la spécification « *nitida, anfractibus rotundatis, apertura obliqua* » est propre au *Lartetia diaphana*.

Après Michaud, ni M. l'abbé Dupuy ni Moquin-Tandon n'ont compris cette forme. Ils ne semblent même pas en avoir eu une réelle connaissance. M. l'abbé Dupuy, après avoir signalé, en 1849, les *Bithinia vitrea* et *B. diaphana*, confond ensuite, en 1851, dans son *Histoire des mollusques de France*, ces deux formes pourtant si distinctes, sous le nom d'*Hydrobia vitrea*. De même, Moquin-Tandon réunit dans une seule synonymie le *Cyclostoma vitreum* de Draparnaud et le *Paludina diaphana* de Michaud. Il est probable que ces deux auteurs n'ont pas eu entre les mains des types convenables, car ils auraient bien certainement évité une pareille confusion.

Il existe, en effet, dans les alluvions du Rhône, pris à Lyon, un *Belgrandia* qui n'est autre que le *Cyclostoma vitreum* de Draparnaud (2) et le *Paladina diaphana* de Michaud. De telles formes, avec les données actuelles de la malacologie ne sauraient être confondues. Du reste, Draparnaud lui-même en décrivant, en 1804, son *Cyclostoma vitreum*, avait en quelque sorte fait pressentir qu'il y avait plusieurs formes réunies sous ce même vocable, puisqu'il prend soin de dire : « Cette coquille varie

---

(1) « *Testá parvulá, turrito-subcylindricá, diaphaná, albidá, nitidá, perforatá, subtilissime longitudinaliter striata, anfractibus quinis rotundatis; aperturá ovatá, obliquá, peristomate acuto ; apice obtuso, papilloto. Operculo ignoto.* »

(2) **Paladilhe**, 1870. *Et. mon. Paludin.*, p. 62.

singulièrement dans sa longueur et dans le plus ou moins de rapprochement des tours de spire. Lorsqu'il les a distancés, l'ouverture est plus ovale; lorsqu'ils sont plus rapprochés, l'ouverture est plus ronde(1). » Comment, après un tel aveu, ne pas s'attendre à trouver des formes appartenant non seulement à des espèces, mais peut-être même à des genres aujourd'hui différents, puisque c'est précisément sur le mode d'enroulement des tours de la spire, et surtout sur les caractères aperturaux qu'espèces et genres sont en grande partie basés.

De telles erreurs ont parfaitement été rectifiées par le docteur Paladilhe qui a fait du *Cyclostoma vitreum* de Draparnaud un *Belgrandia*, et qui le premier a rapporté au genre *Lartetia* le *Paladina diaphana* de Michaud (2). C'est, comme il le déclare lui-même sur l'examen d'un échantillon que Michaud lui avait envoyé, qu'il a reconnu dans cette forme le genre *Lartetia*.

L'examen d'un certain nombre de sujets nous a amené à constater chez le *Lartetia diaphana* certaines variations, mais alors purement individuelles ; elles portent toutes sur la forme et la position de l'ouverture; sa forme varie, en effet, suivant les individus ; elle est plus ou moins rétrécie dans le haut, mais sans jamais pour cela affecter les caractères de celles du *Lartetia Terveri*. Quant à sa position, on voit que parfois, par suite d'un plus grand allongement du dernier tour, elle s'écarte davantage de l'axe de la coquille, et paraît plus ou moins en dehors par rapport à l'avant-dernier tour ; en même temps, son grand axe peut être plus ou moins oblique, mais jamais il n'est ni aussi droit que celui du *Lartetia Michaudi*, ni aussi incliné que celui du *Lartetia Terveri*.

Habitat. — Le *Lartetia diaphana* n'a encore été récolté que dans les alluvions du Rhône, soit au nord, soit au sud de Lyon ; c'est, du reste, une coquille rare, mais que cependant plusieurs de nos amis et nous-même avons recueillie à différentes reprises.

Plusieurs auteurs ont signalé la présence du *Paludina diaphana* dans le Midi ; une telle assertion est au moins douteuse et demande confirmation. M. Gassies (3) a décrit et même figuré une coquille qui ne nous paraît avoir aucun rapport non seulement avec l'espèce en question, mais même avec le genre *Lartetia*. Il en est de même des prétendus

(1) Draparnaud, 1804. *Histoire des Mollusques*, p. 40.
(2) Paladilhe, 1870. *Loc. cit.*, p 66.
(3) Gassies, 1849. *Tabl. Méth. descr. moll. agenais*, p. 179, pl. II, f. VI.

Paludina diaphana de Reynies (1), et *Paludina diaphana antiqua* de Bouillet (2).

LARTETIA BOURGUIGNATI, Paladilhe

Lartetia Bourguignati, PALADILHE, 1869. *Nouv. miscel. malac.*, p. 136, pl. VI, f. 24-27.

DESCRIPTION. — Coquille d'un galbe cylindro-conoïde, croissant irré-gulièrement, mais atténué vers le sommet. — Test assez solide, mince, brillant, d'un blanc corné transparent, passant au blanc laiteux opaque, après la mort de l'animal, orné de stries longitudinales très fines, visibles seulement sous un fort grossissement. — Spire composée de six tours croissant à peu près régulièrement, les premiers lentement, les deux derniers un peu plus vite ; tours de spire un peu arrondis, surtout vers la suture ; suture bien marquée ; sommet obtus, lisse, brillant, comme mammelonné. — Ombilic réduit à une fente ombilicale peu profonde, en partie masquée par le développement du bord columellaire. — Ouverture patulescente, ovale-arrondie, à peine plus étroite dans le haut que dans le bas ; son grand axe presque parallèle à l'axe de la coquille, ou légè-rement infléchi de droite à gauche. — Péristome mince, continu, un peu évasé sur le bord inférieur et réfléchi sur la columelle ; bord externe faiblement arqué en avant, laissant vers le point d'insertion une encoche pleurotomoïdale assez large et un peu profonde ; bord inférieur projeté en avant. — Opercule inconnu.

DIMENSIONS. — Longueur totale : 2 1/2 — 3 millim.
Diamètre maximum : 3/4 — 1 millim.

OBSERVATIONS. — Le *Lartetia Bourguignati* a été bien compris par Paladilhe ; mais, dans sa figuration, il nous semble avoir un peu exagéré l'importance de l'encoche pleurotomoïdale et de la patulescence ; du moins nous n'avons pas rencontré d'individus chez lesquels ces caractères soient aussi vigoureusement accentués ; il conviendra donc de les con-sidérer plutôt comme un maximum que comme un type normal.

Cette forme, du reste, varie peu ; ses caractères sont assez constants ; les seules variations que nous ayons eu à constater résident dans la taille,

(1) Paul de Reynies, 1843. *Lettre à Moquin-Tandon*, p. 7.
(2) Bouillet, 1836. *Catal. mollusques de la haute et basse Auvergne*, p. 142.

ou dans le plus ou moins d'inclinaison du grand axe de l'ouverture par rapport à l'axe vertical de la coquille.

RAPPORTS ET DIFFÉRENCES. — Le *Lartetia Bourguignati* peut être rapproché du *Lartetia diaphana;* mais on le distinguera toujours : à sa taille plus petite; à son galbe moins nettement conoïde, de telle sorte que pour une même hauteur de la coquille, son diamètre maximum est moindre; à son sommet plus obtus; à ses tours de spire un peu moins arrondis dans la partie médiane du profil; à son test plus striolé, moins lisse en apparence; à son encoche pleurotomoïdale plus accentuée, plus profonde, etc.

HABITAT. — Le type a été trouvé par M. Charpy dans les alluvions de la source de l'Ain, dans le Jura; nous l'avons également reçu de ce même naturaliste dans un lot d'alluvions du Besançon récolté à Saint-Amour, dans le même département.

LARTETIA MOUSSONIANA, Paladilhe

Lartetia Moussoniana, PALADILHE, 1869. *Nouv. miscel. malac.*, p. 138, pl. VI, fig. 28-30.

DESCRIPTION. — Coquille d'un galbe conoïde un peu court, très obtus au sommet, ventru à la base. — Test un peu mince, d'un blanc vitré, légèrement corné, passant au blanc luisant après la mort de l'animal; presque lisse, à peine striolé longitudinalement, brillant. — Spire composée de cinq tours, à croissance variable; les premiers croissant rapidement, les trois derniers à croissance de plus en plus lente, l'avant-dernier proportionnellement plus grand que les autres; tours affectant un profil arrondi, surtout vers la suture; suture profonde; sommet très obtus, lisse, brillant. — Ombilic réduit à une fente ombilicale peu profonde, très étroite et très courte. — Ouverture patulescente, ovale-arrondie, un peu étroite dans le haut, avec son grand axe faiblement incliné de droite à gauche. — Péristome mince, droit, continu, faiblement renversé sur le bord columellaire; bord columellaire à peine rectiligne dans la partie contiguë avec l'avant-dernier tour; bord externe faiblement arqué en avant, laissant près de l'insertion une encoche pleurotomoïdale assez large, mais peu profonde; bord inférieur faisant une assez forte saillie par rapport au bord supérieur. — Opercule inconnu.

DIMENSIONS. — Longueur totale : 2 millim.

Diamètre maximum : 1 millim.

III. MAL.   2

OBSERVATIONS. — Quoique vivant avec le *Lartetia Bourguignati*, le *Lar-tetia Moussoniana* nous paraît bien répondre à une espèce différente, et non à une simple modification individuelle. En effet, nous nous sommes assuré de la régularité et de la constance de ses caractères, et leur différence avec ceux du *Lartetia Bourguignati* sont tels, que cette espèce ne saurait même être envisagée comme une variété d'un type déjà connu.

RAPPORTS ET DIFFÉRENCES. — Le *Lartetia Moussoniana* diffère du *Lar-tetia Bourguignati :* par sa taille toujours plus petite ; par son galbe beau-coup plus ventru ; nous voyons, en effet, que, pour une hauteur de un tiers plus petite, le *Lartetia Moussoniana* a le même diamètre maximum que le *Lartetia Bourguignati ;* par le mode d'enroulement de ses tours, toujours plus irréguliers, à croissance d'abord lente, ensuite de plus en plus rapide ; par son test plus lisse, plus brillant, moins strié longitudina-lement ; par son ouverture plus oblique et généralement mo ns réguliè-rement arrondie ; enfin par son encoche pleurotomoïdale moins profonde, tandis que la base de l'ouverture est proportionnellement plus patu-lescente.

HABITAT. — Cette forme paraît plus rare que la précédente. Le docteur Paladilhe l'a signalée dans les alluvions de la source de l'Ain dans le Jura ; nous l'avons également reconnue dans les alluvions de Besançon, récoltés à Saint-Amour, dans le même département.

LARTETIA RAYI, Bourguignat

Fig. 11-12.

Lartetia Rayi, BOURGUIGNAT, 1870. *Mss.*

DESCRIPTION. — Coquille d'un galbe conoïde régulier, atténué au sommet. — Test mince, brillant, lisse, diaphane. — Spire composée de six tours à croissance régulière, séparés par une suture très profonde ; tours à profil bien arrondi ; sommet très obtus, lisse, brillant. — Ombilic réduit à une simple fente ombilicale petite et étroite. — Ouverture patulescente surtout à la base, presque ronde, son grand axe à peu près parallèle avec l'axe général de la coquille. — Péristome continu, légèrement évasé ; bord externe arqué en avant, et laissant vers l'insertion une encoche pleuroto-moïdale, large et assez profonde ; bord inférieur projeté en avant ; bord columellaire légèrement réfléchi sur l'ombilic. — Opercule inconnu.

Dimensions. — Longueur totale : 2 1/2 millim.
Diamètre maximum : 1 millim.

Observations. — Nous devons la connaissance de cette forme nouvelle à notre savant ami, M. Bourguignat, qui a bien voulu nous en envoyer la description et la figuration, en même temps que les dessins des *Lartetia Charpyi*, *L. Lacroixi* et *L. Burgundina*. Nous sommes heureux de saisir ici cette nouvelle occasion de lui exprimer tous nos remerciements pour son inépuisable complaisance.

Rapports et différences. — Le *Lartetia Rayi*, par ses caractères si tranchés, diffère nettement des formes que nous venons d'examiner jusqu'ici ; son galbe général ne peut le rapprocher que des *Lartetia diaphana* et *L. Bourguignati*. Mais, tout en étant plus ventru, ses tours de spire sont, en outre, plus arrondis, plus bombés, et séparés dès lors par une ligne suturale plus profonde. Son test paraît plus lisse que celui du *Lartetia Bourguignati ;* son ouverture est en même temps plus arrondie avec son grand axe plus vertical. Enfin, son encoche pleurotomoïdale est plus profonde que celle du *Lartetia diaphana*, et la base de son ouverture plus patulescente.

Habitat. — Cette forme nouvelle a été récoltée par **M. Bourguignat**, dans les alluvions de la Seine, à Verrières, dans le département de l'Aube.

LARTETIA BURGUNDINA, Locard

Fig. 13-14.

Description. — Coquille de petite taille, d'un galbe conique, court et ventru, tronqué au sommet. — Test solide, un peu épais, opaque, un peu brillant après la mort de l'animal, d'un blanc corné pâle, orné de stries longitudinales extrêmement fines et assez espacées. — Spire composée de cinq tours et demi, les premiers croissant progressivement, l'avant-dernier à croissance plus rapide ; tours à profil arrondi, séparés par une suture très profonde ; sommet très obtus, lisse, brillant. — Ombilic réduit à une fente ombilicale à peine visible, en partie masquée par le développement du bord columellaire. — Ouverture patulescente, subarrondie, un peu anguleuse vers la columelle. — Péristome continu, mince, évasé sur la columelle; bord columellaire ayant une direction à peu près rectiligne et dans le prolongement de l'axe columellaire; bord externe assez fortement projeté en avant, laissant vers l'insertion une encoche pleurotomoïdale assez large, mais peu profonde; bord supérieur faiblement arrondi; bord inférieur faisant une légère saillie par rapport à la partie supérieure de l'ouverture. — Opercule inconnu.

DIMENSIONS. — Longueur totale : 1 3/4 — 2 millim.
Diamètre maximum : 1/2 — 3/4 millim.

OBSERVATIONS. — Cette nouvelle *Lartetia* nous paraît assez régulière et constante dans ses différents caractères; les seules variations que nous puissions constater portent sur sa taille qui paraît varier de un quart de millim. environ en longueur, et sur le plus ou moins d'obésité des derniers tours; il est à remarquer que le plus souvent ce sont les formes les plus courtes qui, toutes choses égales d'ailleurs, sont les plus ventrues. Quant aux caractères aperturaux, ils nous ont paru varier fort peu.

RAPPORTS ET DIFFÉRENCES. — Le *Lartetia Burgundina* est le plus petit des *Lartetia* que nous avons examinés jusqu'à présent; sous ce rapport-là déjà, il sera facile à distinguer de ses congénères. Mais, en outre, tout en se rapprochant des *Lartetia Bourguignati* et *L. Rayi*, il en diffère : par le nombre des tours de la spire; par sa croissance régulière, plus rapide dans les derniers tours; par le profil bien arrondi de ses tours de spire ; par son galbe essentiellement court et ventru ; par la forme de son ouverture, etc.

HABITAT. — Cette forme a été trouvée par M. F. Lacroix, de Mâcon, dans les eaux de la fontaine froide, près de Beaune, dans la Côte-d'Or, avec le *Lartetia Lacroixi*.

FIN

EXPLICATION DE LA PLANCHE

EXPLICATION DE LA PLANCHE

Fig. 1-2. *Lartetia Michaudi*, LOCARD, des alluvions du Rhône, au nord de Lyon (Rhône).

— 3-4. *Lartetia Terveri*, LOCARD, des alluvions du Rhône, au nord de Lyon (Rhône).

— 5-6. *Lartetia Lacroixi*, LOCARD, de la fontaine froide, près Beaune (Côte-d'Or).

— 7-8. *Lartetia Charpyi*, PALADILHE, de Pérouse, près Belfort.

— 9-10. *Lartetia Diaphana*, MICHAUD, des alluvions du Rhône, au nord de Lyon (Rhône).

— 11-12. *Lartetia Rayi*, BOURGUIGNAT, des alluvions de la Seine, à Verrières (Aube).

— 13-14. *Lartetia Burgundina*, LOCARD, de la fontaine froide, près Beaune (Côte-d'Or).

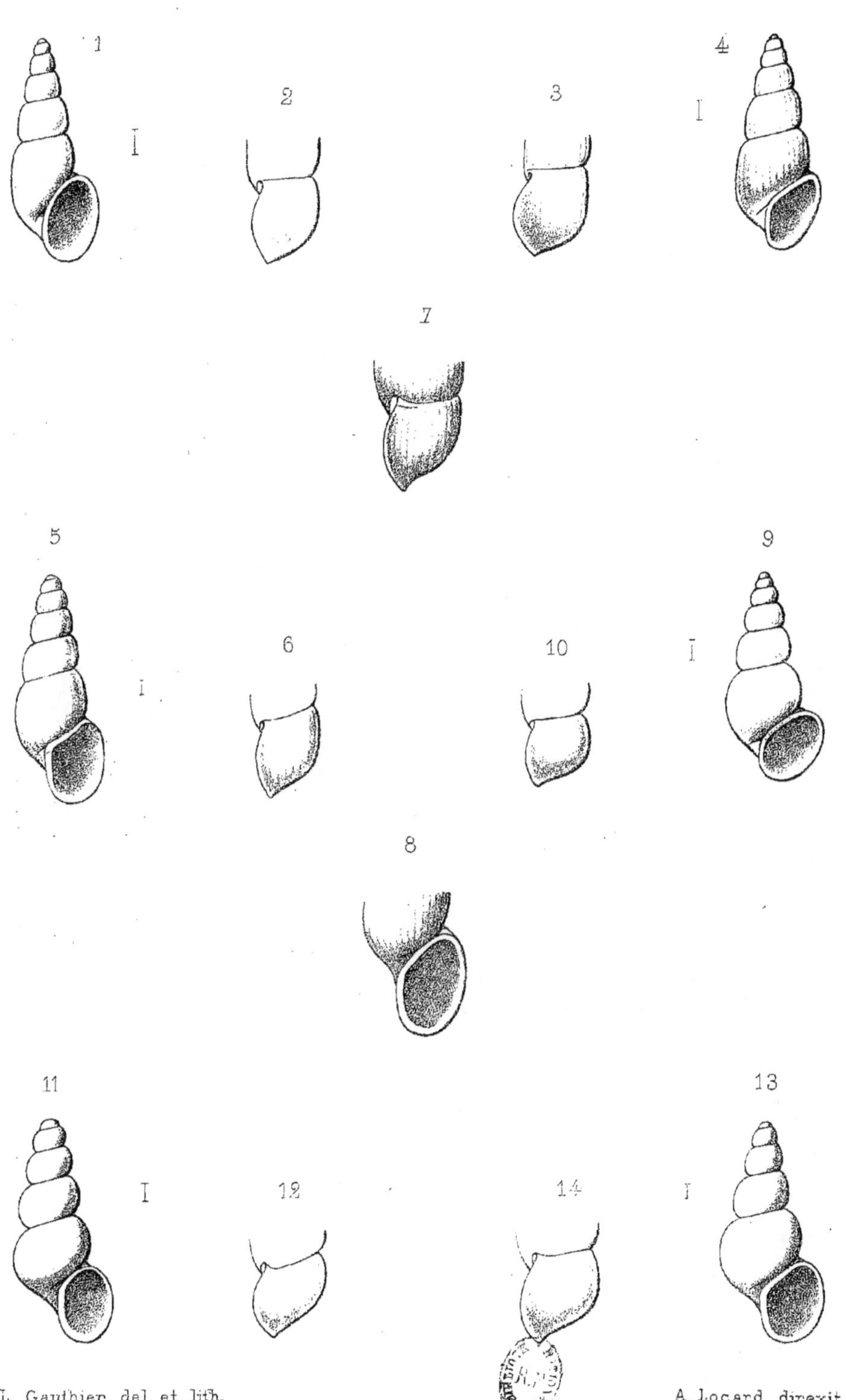

L. Gauthier del. et lith.

Imp. A. Roux, Lyon

A. Locard direxit

Extrait des *Annales de la Société Linnéenne de Lyon*
tome XXIX, année 1882